U0240901

比萨也疯狂

综合应用　数与代数

贺 洁 薛 晨◎著　哐当哐当工作室◎绘

数学的
萌芽

北京科学技术出版社

捣蛋鼠家新开了一家比萨店。试营业期间，爸爸妈妈鼓励捣蛋鼠自创一些新口味的比萨。如果新口味的比萨受欢迎，就把它们加入菜单。

捣蛋鼠打电话给其他鼠宝贝，想请他们来店里帮忙一起做比萨。

3

创新比萨工坊

营业时间
10:00~22:00

PIZZA

上午9点，捣蛋鼠来到店里。货车已经把各种新鲜食材送了过来。

胡椒粉、番茄酱等要放到调味品区，奶酪、黄油等要放到冷藏区。

　　洋葱、土豆、苹果都放在了蔬果区。今天要用的面粉就直接摆在桌上吧!

粉
0 g

奶粉
10

3 g

黄油 10 g

　　勇气鼠心里早有打算，他要做一款超大比萨！大大的比萨能有更丰富的馅料，肯定受欢迎！

超大面团诞生！

捣蛋鼠原本也想做一款超大比萨，但看到勇气鼠做的比萨后，改了主意。

14

在把比萨放进烤箱前，捣蛋鼠才在面饼上面铺了一层香蕉片，又加了一种神秘馅料。

"捣蛋鼠，你怎么才放馅料啊？"美丽鼠问道。她制作的比萨上铺了香肠、三文鱼、奶酪等，即将放入烤箱。

15分钟后，香喷喷的比萨就会出炉啦！

这时，一股特别的香味传了过来。创新比萨"疯狂的香蕉"隆重登场！

美丽鼠做的海鲜比萨被平均分成了6份。捣蛋鼠做的"疯狂的香蕉"比萨被平均分成了10份。

海鲜比萨

"疯狂的香蕉"比萨

"倒霉鼠，你知道怎么比较角的大小吗？"美丽鼠问。

倒霉鼠已经完全掌握比较角的大小的方法了："将一个角的一边与另一个角的一边重合，就能比较出两个角的大小了。"

"疯狂的香蕉"
比萨

海鲜比萨

创新比萨工坊

最后，鼠宝贝们还做了一次调查统计。他们把两种比萨切成小块，请路过的客人品尝，并让他们给喜欢的比萨投票。

图书在版编目（CIP）数据

比萨也疯狂 / 贺洁，薛晨著；哐当哐当工作室绘. —北京：北京科学技术出版社，2021.8（2021.12 重印）
（数学的萌芽）
ISBN 978-7-5714-1538-9

Ⅰ.①比… Ⅱ.①贺… ②薛… ③哐… Ⅲ.①数学－儿童读物
Ⅳ.① O1-49

中国版本图书馆 CIP 数据核字（2021）第 082990 号

策划编辑：阎泽群　代　冉　李丽娟
责任编辑：张　艳
封面设计：沈学成
图文制作：天露霖文化
责任印制：李　茗
出 版 人：曾庆宇
出版发行：北京科学技术出版社
社　　址：北京西直门南大街16号
邮政编码：100035
电　　话：0086-10-66135495（总编室）　0086-10-66113227（发行部）
网　　址：www.bkydw.cn
印　　刷：北京利丰雅高长城印刷有限公司
开　　本：889 mm×1194 mm　1/32
字　　数：13千字
印　　张：1
版　　次：2021年8月第1版
印　　次：2021年12月第3次印刷
ISBN 978-7-5714-1538-9

定　　价：339.00元（全30册）

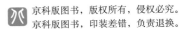